U0229141

黑洞

【美】劳拉·汉密尔顿·韦克斯曼（Laura Hamilton Waxman） 著
王蒙 译

化学工业出版社
·北京·

致Buddy、Momo和Caleb等科学家。感谢Monwhea Jeng博士协助完成本书的编写准备工作。

图书在版编目（CIP）数据

黑洞 /［美］韦克斯曼（Waxman, L.H.）著；王蒙译．—北京：化学工业出版社，2015.9
（太空大揭秘）（2025.1重印）
书名原文：Exploring Black Holes
ISBN 978-7-122-24626-4

Ⅰ．①黑… Ⅱ．①韦… ②王… Ⅲ．①黑洞—青少年读物 Ⅳ．①P145.8-49

中国版本图书馆 CIP 数据核字（2015）第 158416 号

Exploring Black Holes / by Laura Hamilton Waxman
ISBN 978-0-7613-5442-0

北京市版权局著作权合同登记号：01-2014-1583

责任编辑：成荣霞　　文字编辑：陈　雨
责任校对：边　涛　　装帧设计：尹琳琳

出版发行：化学工业出版社（北京市东城区青年湖南街 13 号　邮政编码 100011）
印　　装：北京瑞禾彩色印刷有限公司
889mm×1194mm　1/24　印张 1¾　字数 50 千字　2025年 1 月北京第 1 版第 13 次印刷

购书咨询：010-64518888　　售后服务：010-64518899
网　　址：http://www.cip.com.cn
凡购买本书，如有缺损质量问题，本社销售中心负责调换。

定　　价：18.00元

目录

第一章　不可思议的太空之谜

黑洞是外太空的一个谜。人们可以看到太空里的恒星、行星及其他天体，但看不到黑洞，因为它们是隐形的。

假若我们能够看到黑洞的话，这幅想象图展示了黑洞可能的样子。你能看到图中的黑洞吗?

天文学家是研究外太空的科学家。他们可以看到行星和恒星，但是看不到黑洞。这也就是黑洞之所以成谜的原因。

图片中的科学家在调整一架巨型天文望远镜。天文学家利用天文望远镜来研究外太空。

什么是黑洞?

其实，黑洞并非一个真正的洞，它是太空里具有巨大引力的一块区域。引力是一种可以把物体聚集在一起的力。地球引力保证我们不会飘浮起来。我们可以跳离地面，但是地球引力会把我们再拉回到地面。

地球引力将这个跳伞运动员拉回到地面。

黑洞的引力要远远大于地球的引力。可以说，它的引力比宇宙里所有天体的引力都要大。宇宙包含外太空的一切。

一位画家绘制了这幅黑洞图片。黑洞周围是恒星、星尘和气体。

任何靠近黑洞的物质都会被吸进去。

黑洞会把所有靠它太近的物体吸进去。掉进黑洞的物体都会消失不见，即使光也不能逃脱。这也就是黑洞之所以隐形的原因。它不会透出任何光亮。

第二章　黑洞近观

物体都具有不同的引力。地球的引力比月球的大，太阳的引力比地球的大。那是什么造成引力大小的差异呢？

地球和月球都有引力，那么哪一个引力更大呢？

你可以把一百万个地球大小的行星填进太阳里面

引力不同的原因

质量产生引力。质量是指物体所含物质的多少。质量越大的物体产生的引力就越强。太阳的质量比地球大，所以太阳的引力也比地球的大。

是什么造就了黑洞？

一个天体要成为黑洞，质量至少是太阳的三倍才行。目前最大黑洞的质量有可能是太阳质量的数百亿倍。

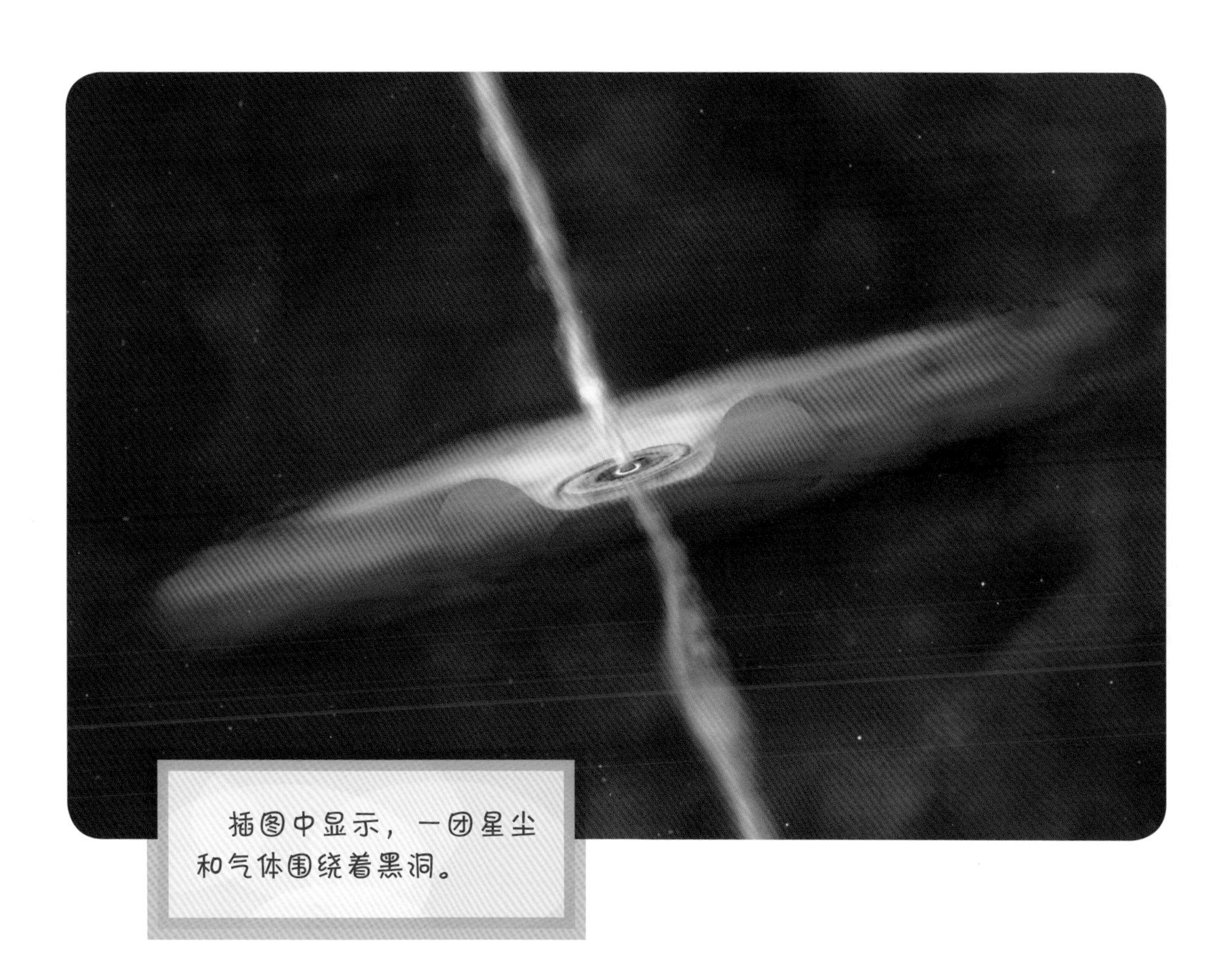

插图中显示，一团星尘和气体围绕着黑洞。

太阳的体积非常巨大，可以装下一百多万个地球。但是黑洞却只压缩成宇宙中的一个点，天文学家称之为奇点。

奇点的巨大引力造就了黑洞。

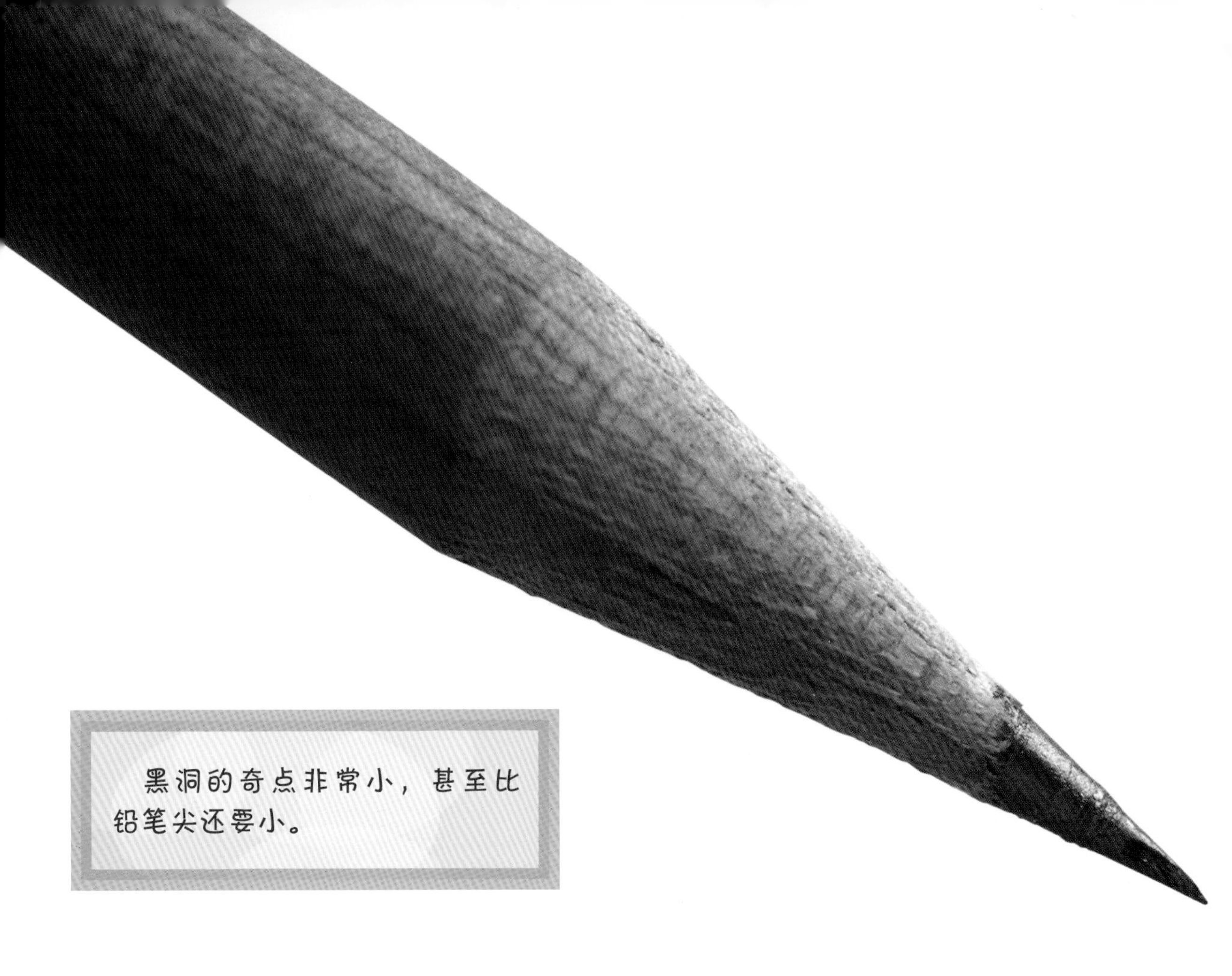

黑洞的奇点非常小，甚至比铅笔尖还要小。

奇点比铅笔尖还要小。一些科学家甚至认为奇点不占据任何空间位置。这个观点非常难以令人理解，就连科学家都难以理解。

黑洞的组成部分

奇点处于黑洞的中心位置，那里的引力最强。任何接近它的物体都会被吸进去。

图片展示的是半人马座A星。科学家认为在银河系中心就有一个巨大的黑洞。

奇点周围区域的引力也非常强大。这片区域的外边缘称为视界。所有经过视界的天体都会被吸进黑洞，然后消失不见。

视界外部周围的引力也依然很强大，把气体、星尘和恒星吸附在周围。这些天体环绕着黑洞高速运转。随着距离的变远，黑洞对周围物体的引力也不断变弱。

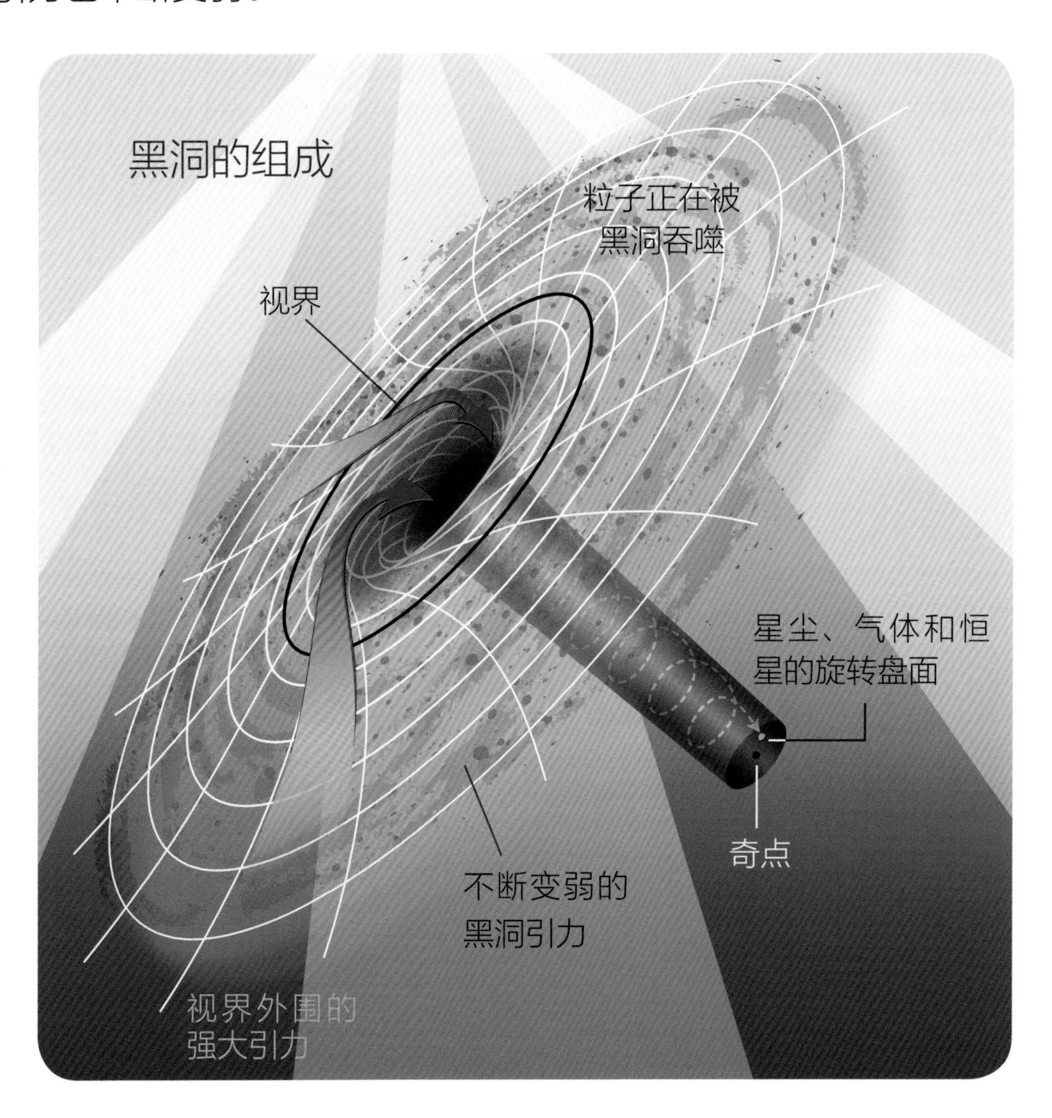

第三章　掉进黑洞

假如掉进黑洞，会有什么样的感觉呢？没人尝试过。即使最近的黑洞也距离地球太遥远了。没有人或者飞行器能逃离黑洞的引力。即便如此，天文学家也有办法研究掉进黑洞的可能性后果。

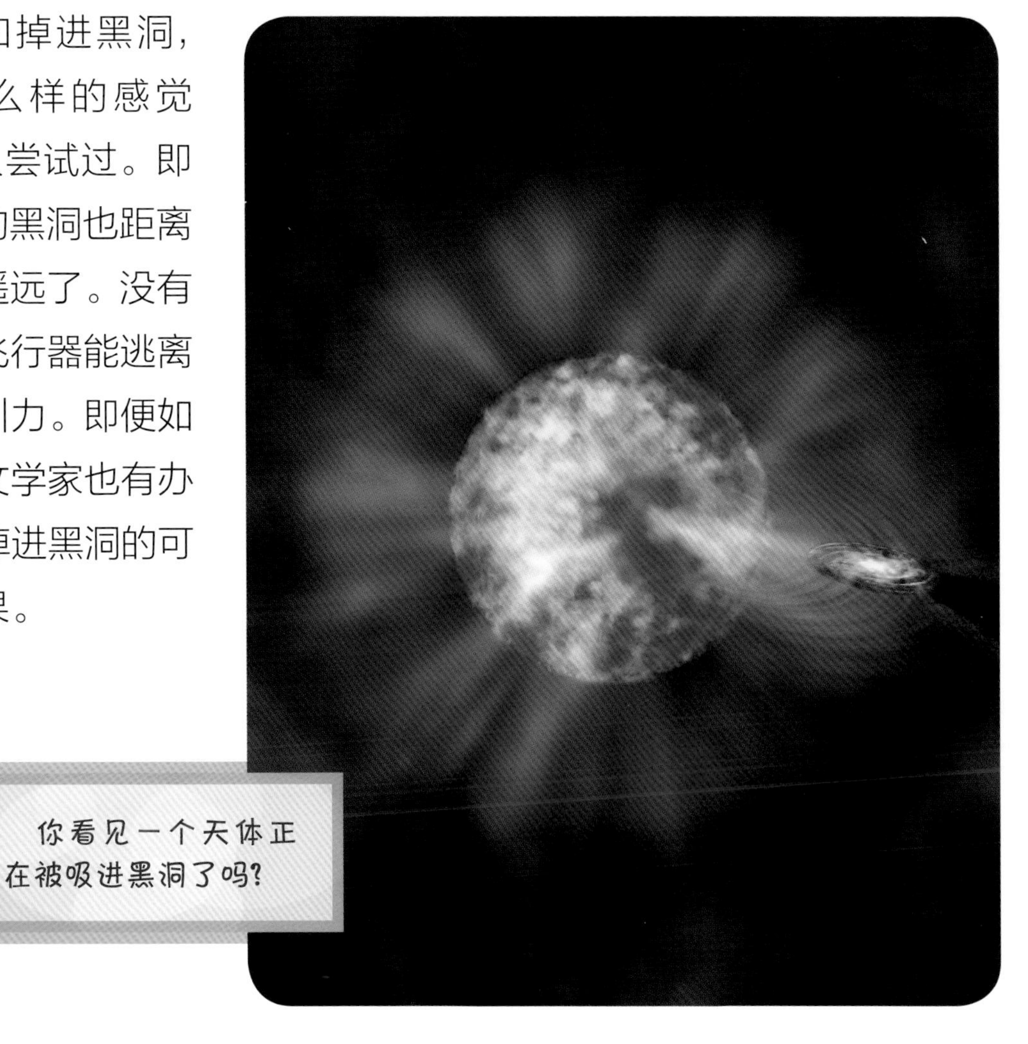

你看见一个天体正在被吸进黑洞了吗？

该瀑布在南美洲。

一个巨大的瀑布

请想象一条河正流向一个巨大的瀑布。再想象一下你就在这条河上漂流。水流的速度要比你逃向岸边的速度快。

一旦靠得太近，就会无法脱身。河流的拉力太大了，很快你就会掉进深深的瀑布。这也许就是掉进黑洞的感觉吧。

天文学家已经在附近星系的中心部位发现了一个黑洞(图中左下)。

会被拉细

你在黑洞中不会存活多久。设想一下你脚下打滑时的感觉。重力拉你脚的力量要比拉你头的力量更大。你会像一条意大利面条一样被拉长，然后黑洞会把你撕裂成很多条。

被吸进黑洞的物体会像意大利面一样被撕裂。

内部深处

黑洞的深处是什么状况，谁也不知道。大多数天文学家认为，所有掉进黑洞的物体都会增大奇点的质量。一些天文学家认为，黑洞是通往其他宇宙的通道。

图示为一位画家想象中的黑洞。

第四章　黑洞的形成

宇宙中大约存在数十亿个黑洞。它们是怎样形成的呢？

黑洞是由大型消亡的恒星形成的，这类大型恒星叫做心大星

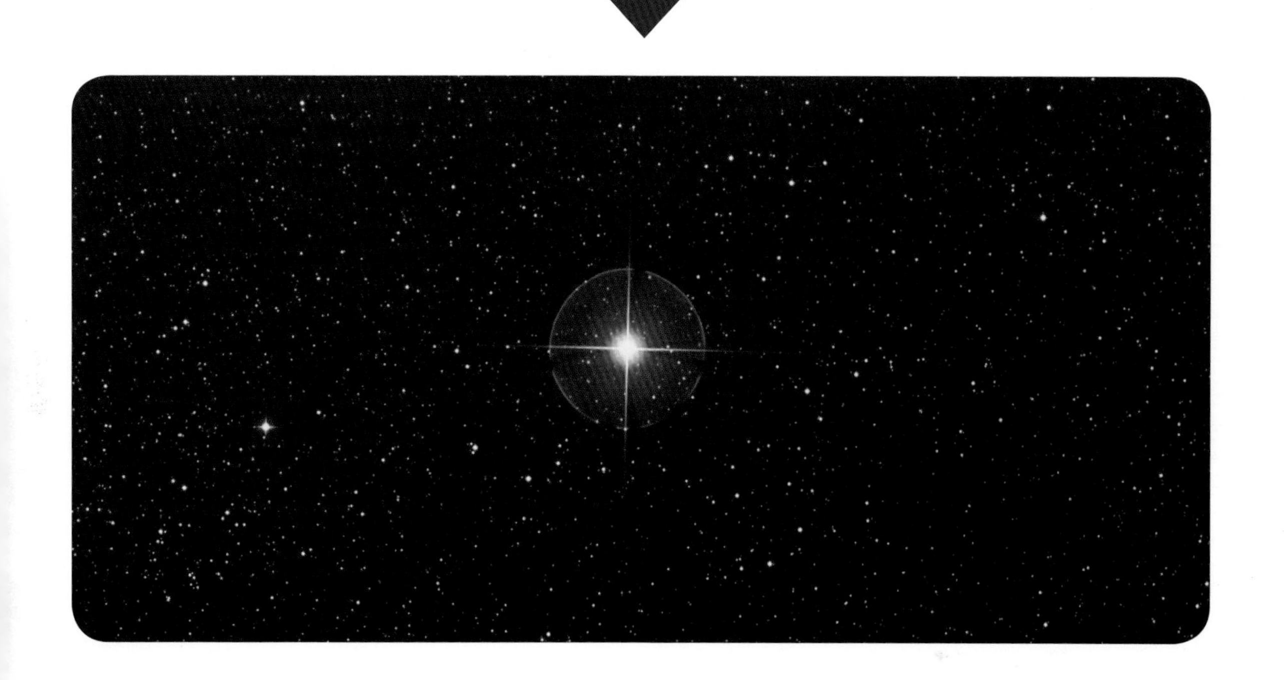

初始状态为恒星

天文学家认为黑洞都是星球黑洞。星球黑洞由大型消亡的恒星形成。太阳是个恒星，但是它只是一个中等大小的恒星。形成黑洞的恒星的质量至少要比太阳大十倍。

图中显示黑洞周围有众多恒星环绕。

从恒星变成黑洞

恒星内部的氢原子核时刻发生碰撞，发生聚变。随着时间的推移，氢这种燃料会被完全耗尽，最终恒星也就消亡了。

大型恒星在它消亡时会发生爆炸。爆炸物被称作超新星。这些大型恒星爆炸后其大部分物质被抛散到太空里，残留部分仍然至少拥有比太阳大三倍的质量。这些质量使该恒星坍塌成一个奇点。这个奇点就成了一个新的黑洞。

该图显示了一个来自超新星的爆炸波。

怪兽级黑洞

天文学家们认为存在着比一般黑洞质量大得多的黑洞。他们称这种黑洞为超级大黑洞。超级大黑洞的质量可以是太阳的数百万倍甚至数十亿倍之多。

图示即为一个超级大黑洞。

天文学家不确定超级大黑洞是如何形成的。它可能起源于一个星球黑洞。随着时间的推移，它不断吸引恒星、气体和星尘。慢慢地，它就成了一个怪兽级大黑洞。

图片中心黄色亮光部分即为超级大黑洞。

又或者说，超级大黑洞源于多个黑洞的结合，即一个黑洞不断地吸引其他黑洞。又或者超级大黑洞是由巨大的星云团形成的奇点。

一位画家展示了两个黑洞在逐渐靠拢。科学家认为一些巨大的黑洞就是这样形成的。

科学家认为黑洞存在于大多数星系的中心部位。太阳是我们的星系——银河系的一部分。天文学家认为在银河系的中心也有一个超级大黑洞，但是地球距离它太远，所以地球不会掉进去。

图片展示的是银河系中心部分的一次大爆炸。那里也许就有一个超级大黑洞。

第五章　对黑洞的研究历程

科学家们在数百年前提出一个问题：如果一个物体的力量强过地球引力会发生什么？提出问题的科学家是约翰·米歇尔和皮尔·西蒙·拉普拉斯。他们提出的问题渐渐形成了黑洞这个概念。

图片为皮尔·西蒙·拉普拉斯的肖像。他是如何帮助人们发现黑洞的呢？

开始解答谜题

早在20世纪，科学家阿尔伯特·爱因斯坦就开始研究黑洞，撰写多部有关引力理论的论著。许多科学家从中了解到他的著名观点，卡尔·斯瓦兹察尔德就是其中一位。他用爱因斯坦的方法计算出了黑洞可能的运行原理。

阿尔伯特·爱因斯坦和卡尔·斯瓦兹察尔德找到了黑洞可能的运行原理。

当时，还没有人能够证明黑洞是存在的，大多数科学家认为这只是个想法而已。这个观点在20世纪70年代发生了转变，此时天文学家们找到了寻找黑洞的办法。然而，他们是如何寻找看不见的东西呢？

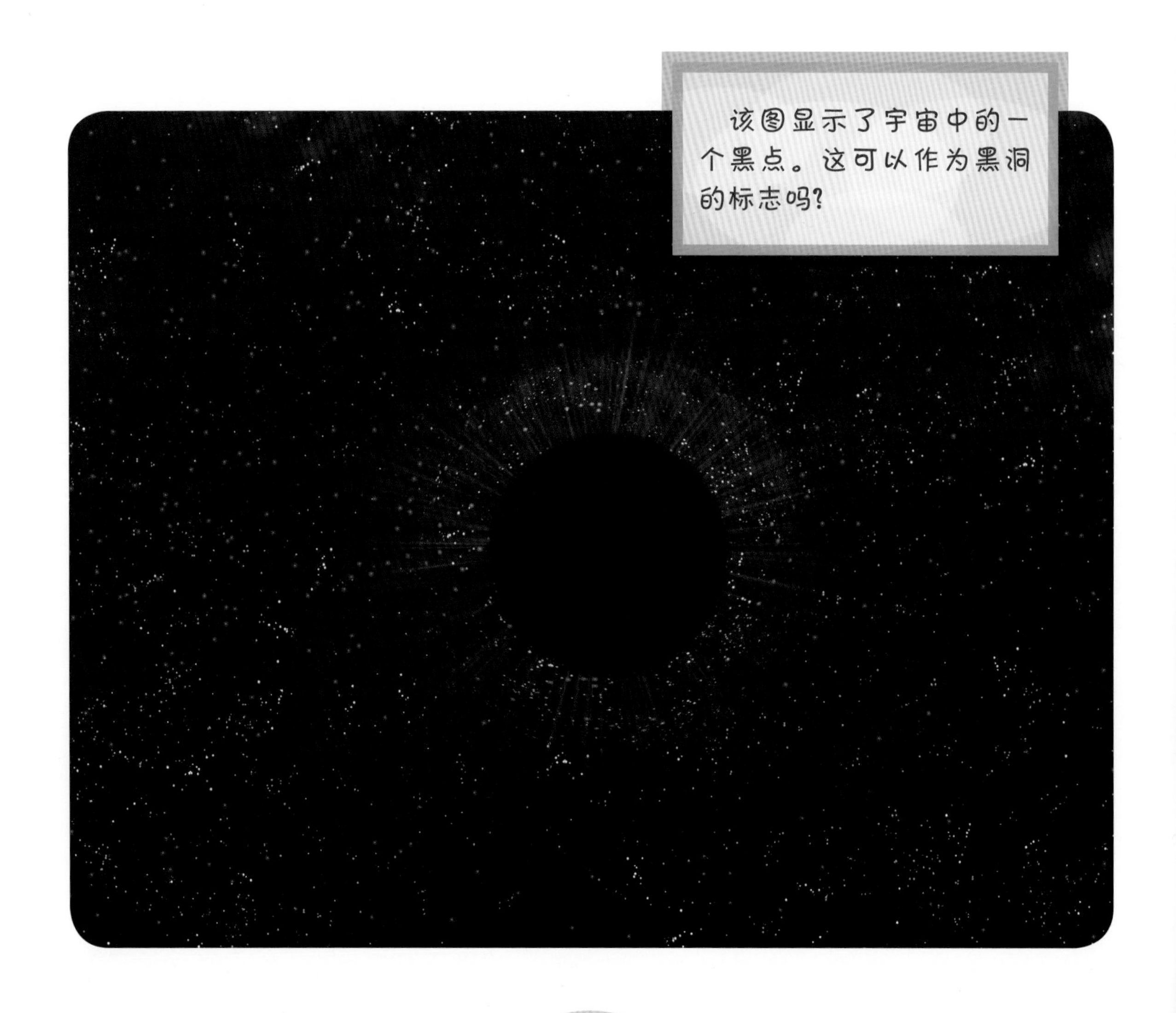

X射线视觉

天文学家认为黑洞会把环绕它的气体及星尘加热。这些加热后的气体及星尘会发光和释放能量。X射线是其中的一种能量，天文学家就通过这些X射线来寻找黑洞。

在这幅图中，X射线从一个巨型黑洞中射出。肉眼无法看到X射线。天文学家用特殊的设备来发现太空里的X射线。

该图片模拟了一颗恒星正在环绕一个黑洞运行。

绕轨道运行的恒星

天文学家也在观察恒星运动。通常两个恒星在空中相互环绕运行。有时一颗恒星变成黑洞，另一颗恒星围绕着黑洞运行。恒星也环绕超级大黑洞运行。所以，天文学家就寻找那些环绕看不见的东西运行的恒星。

太空里的黑洞捕猎者

天文学家通过地球上功能强大的望远镜来寻找黑洞附近的恒星。望远镜不仅可以使遥远的天体变得似乎更近且更大，还能使恒星变得更加明亮和清晰。

这是一座位于夏威夷某山顶上的大型望远镜。

天文学家也通过大型望远镜来寻找X射线。1999年，钱德拉X射线天文台通过宇宙飞船搭载升空。它被认为是X射线天文学上具有里程碑意义的空间望远镜。“钱德拉号”宇宙飞船是天文学家用来发现黑洞的宇宙飞船。

科学家在1999年发射升空前的钱德拉X射线天文台上工作。

天文学家计划发射新的天文望远镜来研究黑洞。“新星号”望远镜会比在“钱德拉号”飞船上的望远镜强大得多。同时，一台架设在“国际X射线天文台号”飞船上的望远镜会寻找更加古老的黑洞。天文学家将用这些先进设备来研究更多黑洞的秘密。

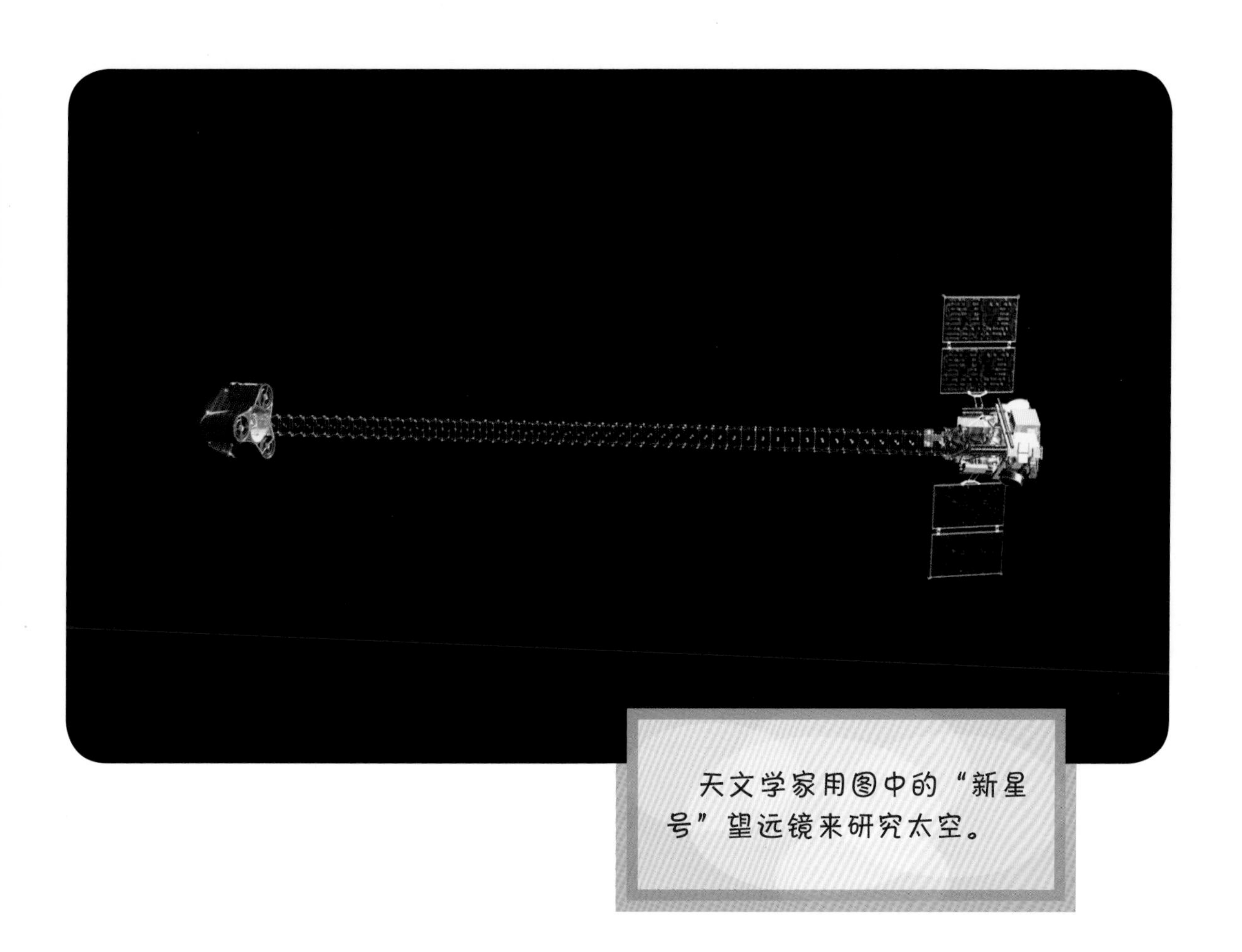

天文学家用图中的“新星号”望远镜来研究太空。

词汇表

天文学家：以天体以及天体运行规律为研究对象的科学家。

视界：黑洞的外边界称为视界。任何通过视界的物体都不能逃离这个黑洞。

银河系：是太阳系所在的恒星系统，包括一两千亿颗恒星和大量的星团、星云，还有各种类型的星际气体和星际尘埃。

引力：物体之间相互存在的吸引力。

隐形：隐身，不被看见。

质量：物体所含物质的数量。

奇点：黑洞的中心位置的点。

超大型：极大的。

超新星：某些恒星在演化接近末期时经历的一种剧烈爆炸。

望远镜：一种能让遥远的物体变得更大更近的设备。

宇宙：包括地球及其他一切天体的无限空间。

X射线：气体及星尘在被吸入黑洞时，摩擦作用使它们迅速被加热而发出的一种电磁辐射。

延伸阅读

书籍

◆［韩］金志炫 著，金住京 绘. **掉入黑洞的星际家庭：从双星到超新星，揭开宇宙不为人知的秘密.**

我们的银河里，有2000亿颗星星。在这其中，有互相绕着旋转的双星，有忽明忽暗的变光星，有由许多星星聚在一起构成的星团，有爆发之前放出光芒的超新星，有把路过的星星都吸进去的黑洞。请跟随小主人公漫游整个银河，其乐无穷！

◆［韩］海豚脚足 著，李陆达 绘. **科学超入门（5）：月球——好奇心，来到月球！**

月亮的形状每天都在改变。有时候像盘子一样又大又圆，接着慢慢缩小成半个月亮，再过几天，又变得像眉毛一样又细又弯。通过与小主人公的月球之旅，你就会明白月亮形状变化的秘密，还有其中的规律了。

◆［韩］田和英 著，五智贤 绘. **科学超入门（4）：气体——气体，一起漫游太阳系！**

学习气体知识为什么要去行星上探险呢？本书如同一部科幻漫画，请跟随小主人公一起踏上漫游太阳系的旅程吧！

网址

Ask an Astronomer for Kids!: Black Holes

http://coolcosmos.ipac.caltech.edu/cosmic_kids/askkids/blackholes.shtml

一位天文学家回答孩子们关于黑洞的问题。

Black Hole Rescue！

http://spaceplace.nasa.gov/en/kids/blackhole/index.shtml

来这个网站了解关于黑洞的事实、图片、活动以及游戏。

Black Holes

http://www.kidsastronomy.com/black_hole.htm

这个网站帮助孩子们了解黑洞是怎样运作的。

图片致谢

本书所使用的图片经过了以下单位和个人的允许：© Chris Butler/照片研究者有限公司，图片4；© Sandy huffaker/盖提图文，图片5；© Dmitijs Gerciks/Dreamstime.com，图片6；© Lynette Cook/照片研究者有限公司，图片7；© Victor de Schwanberg/照片研究者有限公司，图片8；© Digital Vision/盖提图文，图片9；© Stocktrek Images/盖提图文，图片10、27；美国国家航空航天局/CXC/M. Weiss，图片11、17、19；© Shigemi Numazawa/Atlas Photo Bank/照片研究者有限公司，图片12；© Simon Krzic/ Dreamstime.com，图片13；© 科学来源/照片研究者有限公司，图片14；© David A. Hardy/照片研究者有限公司，图片15；© Laura Westlund/独立图片服务机构，图片16；© Belinda Images/SuperStock，图片18；© beyond foto/盖提图文，图片20；© Ron Miller，图片21、34；© IndexStock/SuperStock，图片22；Royal Observatory, Edingburgh/照片研究者有限公司，图片23；© Lionel Bret/照片研究者有限公司，图片24；© 科学与社会/SuperStock，图片25；© 美国国家航空航天局/MSFC，图片26、29；X-ray：美国国家航空航天局/CXC/MIT/C. Canizares，M. Nowak; Optical: 美国国家航空航天局/ STScl，图片28；© Apic/Hulton Archives，图片30；© MPI/ Archive Photos/盖提图文，图片31(上图)；© Mary Evans Picture Library/The Image Works，图片31(下图)；© Paul Fleet/ Dreamstime.com，图片32；© 欧洲航天局（C. Carreau），图片33；© David Nunuk/照片研究者有限公司，图片35；美国国家航空航天局/KSC，图片36；美国国家航空航天局/JPL，图片37。

封面图片：© 科学来源/照片研究者有限公司。